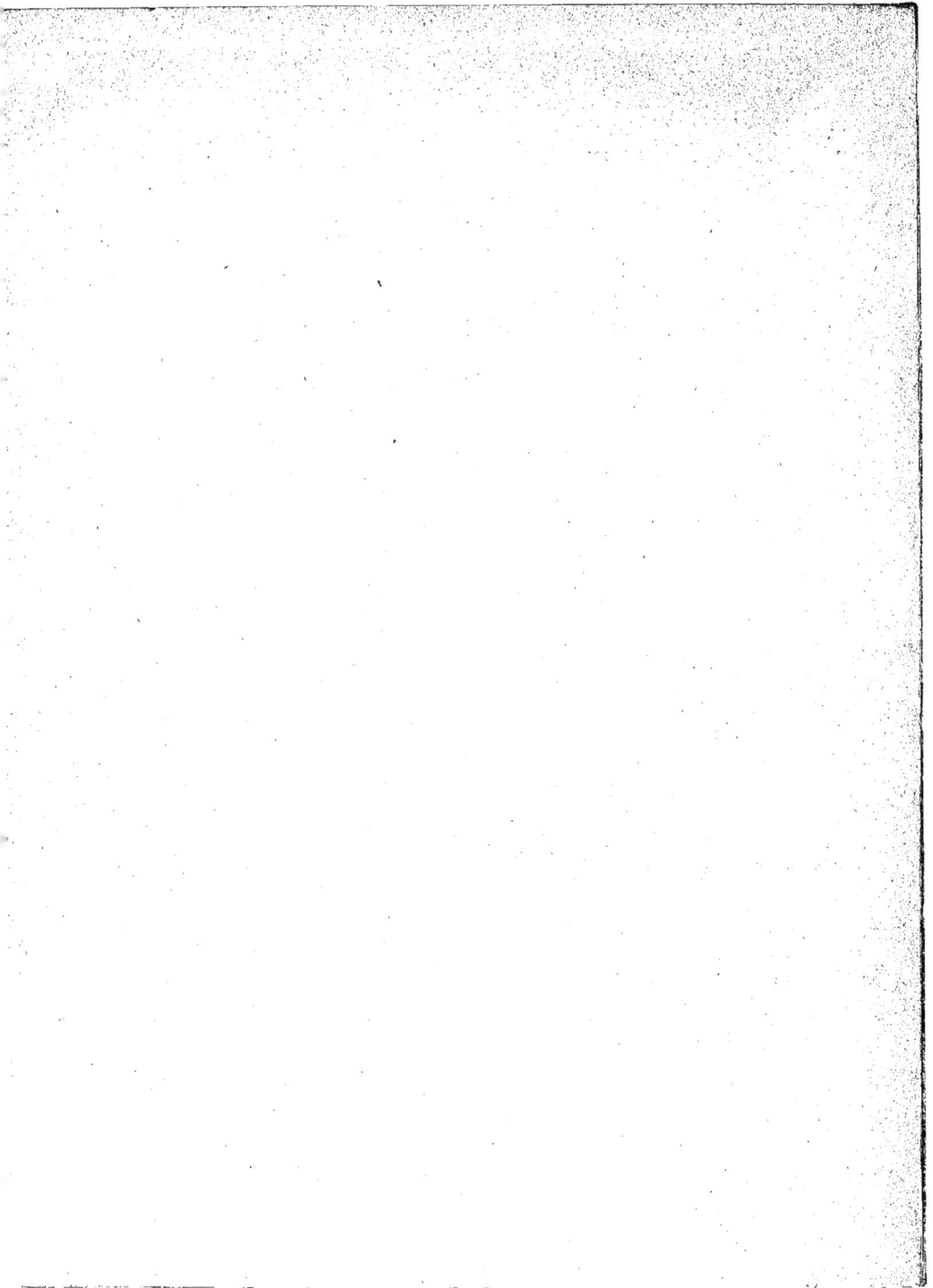

V

MEMOIRE

SUR LES

MACHINES A RÉACTION

SANS FORCE CENTRIFUGE,

PRÉSENTÉ

A L'ACADÉMIE DES SCIENCES, BELLES-LETTRES ET ARTS DE BESANÇON,

PAR MM. C. CONVERS ET A. A. BOUDSOT,

INGÉNIEURS CIVILS.

BESANÇON,

BINTOT, LIBRAIRE, PLACE SAINT-PIERRE.

PARIS,

GOEURY, LIBRAIRE, QUAI DES AUGUSTINS.

15 Novembre 1839.

AVERTISSEMENT.

L'EXTENSION prise par l'industrie augmentant ses besoins de force motrice, les esprits ont été naturellement dirigés sur les moyens de perfectionner les récepteurs hydrauliques.

Les roues à réaction directe, dont on s'était occupé pendant fort longtemps, avaient été presque entièrement abandonnées, parce que la théorie actuelle de ces machines indiquait l'impossibilité d'obtenir pratiquement tout le travail produit par l'agent moteur.

Cependant quelques-unes de ces roues, quoique recevant l'eau d'une manière défavorable, donnaient des résultats supérieurs à ceux qu'indiquait la théorie; la théorie était donc incomplète.

La cause qui faisait rejeter les machines à réaction était la force centrifuge, dont l'intensité était supposée constante, quelle que fût la forme de l'appareil.

En reprenant cette question dès son origine, et en analysant les faits qui doivent être pris en considération dans le jeu d'une machine à réaction, il nous a été démontré, d'une manière évidente, que plusieurs hypothèses qui servaient de base à l'ancienne théorie, étaient inexactes et qu'en les rectifiant, on arrivait à une solution de la question qui s'accordait avec les faits observés en pratique, et qui indiquait qu'en détruisant les effets de la force centrifuge, et en réalisant une autre condition non moins importante, celle de diriger l'eau à sa sortie, tangentiellement au cercle décrit par le centre de l'orifice, on arrivait au plus simple et au meilleur des récepteurs.

C'est en nous occupant de ce problème que nous sommes arrivés tous deux séparément au même résultat, en ayant égard, l'un à l'influence de la longueur des tubes, l'autre à l'influence de leur forme, sur la vitesse de sortie du liquide.

ESSAI

SUR L'INFLUENCE

DE LA LONGUEUR DES CANAUX MOBILES

DANS LES

MACHINES A RÉACTION,

PAR C. CONVERS,

INGÉNIEUR CIVIL, MEMBRE DE L'ACADÉMIE DE BESANÇON.

BESANÇON,

BINTOT, LIBRAIRE, PLACE SAINT-PIERRE.

PARIS,

GOEURY, LIBRAIRE, QUAI DES AUGUSTINS.

15 NOVEMBRE 1839.

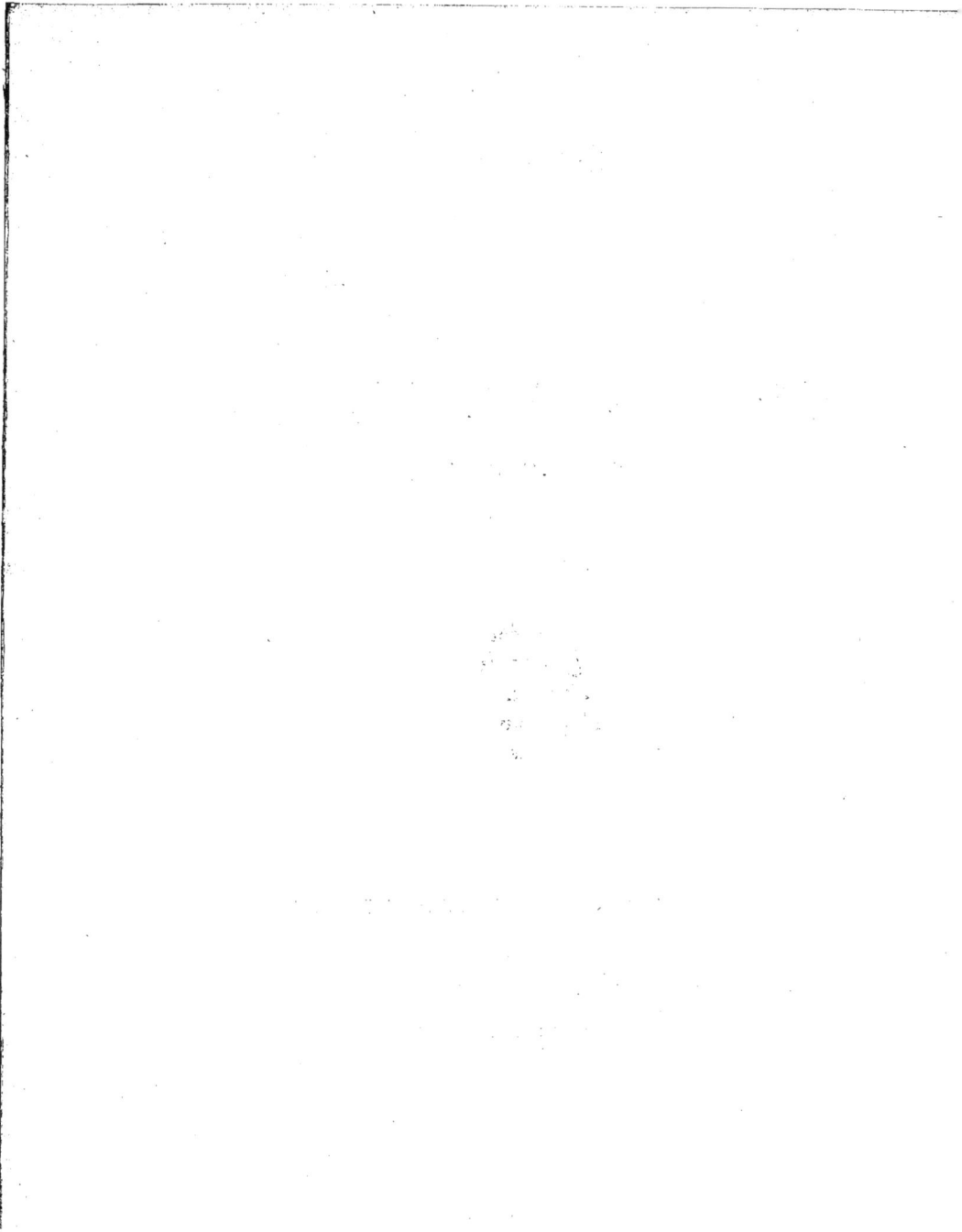

I. Si on imprime un mouvement autour de l'axe, à un vase à surface de révolution et rempli de liquide, la masse de celui-ci n'y participera que lentement et successivement, et par couches concentriques de la circonférence au centre.

Si donc un liquide traverse un pareil vase, et s'en échappe avant d'avoir participé à son mouvement, il n'aura acquis aucune force centrifuge, et sa vitesse de sortie ne sera due qu'à la hauteur de chute.

II. Si une molécule parcourt un canal droit normal à un cylindre animé d'un mouvement de rotation, elle acquerra dans son trajet une force centrifuge d'autant plus grande que pour une même vitesse angulaire, le canal sera plus long.

Si donc cette longueur est réduite à zéro, la force centrifuge qui ne sera due qu'à cette longueur sera nulle.

En partant de ces principes dont le premier peut être vérifié par l'expérience, et dont le second est évident par lui-même, on conçoit facilement que si une machine à réaction les réalise tous deux par une disposition particulière, et que, si en même temps l'eau sort dans une direction tangente au chemin décrit par le centre de l'orifice, il sera possible de recueillir tout le travail de l'agent moteur, puisque la vitesse de sortie du liquide deviendra une quantité finie, fonction de la hauteur de chute, ce que l'on n'a encore obtenu d'aucune machine à réaction.

ESSAI

DE LA LONGUEUR DES CANAUX MOBILES

DANS LES

MACHINES A RÉACTION.

On sait qu'un fluide qui sort d'un vase par un orifice, agit en même temps par réaction contre la partie de la paroi directement opposée, et tend à imprimer un mouvement au vase, dans un sens contraire à celui de l'écoulement.

Cette découverte due à Jean et à Daniel Bernoulli, célèbres géomètres du siècle dernier, a éveillé l'attention des savants, et plusieurs d'entre eux ont dirigé leurs vues sur les moyens d'employer la réaction de l'eau, au mouvement des machines rotatives.

Le principe reconnu par les Bernoulli, pouvait être heureusement appliqué à l'aide du vase seul où il avait été découvert; il suffisait pour cela d'ouvrir des orifices tangents à sa circonférence, et de diriger perpendiculairement au rayon, le liquide au point de sa sortie, *figure* 1.

Tout l'appareil se serait alors réduit à un cylindre vertical à base circulaire, mobile autour de son axe, et pourvu à sa circonférence de canaux dirigeant la sortie du liquide, ainsi qu'il vient d'être exposé; mais ces idées, quoique fort simples, n'ont été saisies dans leur ensemble par aucun de ceux qui se sont occupés de la question.

On voit en effet, dès l'origine de l'application aux machines, du principe de la réaction de l'eau en mouvement, Segner qui a fait une des premières, ne la comprendre qu'au moyen de tubes ou canaux additionnels au cylindre; on voit encore plus tard son système de construction se reproduire comme type dans plusieurs autres récepteurs, qui tous ont conservé les tubes, en variant seulement leur longueur, leur forme, et la manière d'introduire l'eau dans l'appareil.

Les tubes de Segner étaient droits et horizontaux, se raccordant normalement avec le cylindre; ils étaient percés, près de leur extrémité, d'un orifice vertical, qui remplissait la condition de laisser échapper l'eau, perpendiculairement au rayon passant au point de la sortie', condition indispensable pour recueillir tout le travail dépensé par l'agent moteur, dans une machine à réaction, et à laquelle tous les imitateurs de Segner se sont conformés.

Mais, tous ces tubes en raison de leur raccordement normal au cylindre avaient l'inconvénient de développer de la force centrifuge et d'occasionner conséquemment une perte de force vive, dont plusieurs constructeurs ont cherché à réduire l'intensité, en diminuant la longueur des tubes extérieurs, mais sans jamais arriver à rendre cette longueur nulle, en plaçant des ajutages tangents au cylindre, *figure* 2.

La meilleure machine à réaction connue, est sans contredit celle indiquée dans le cours lithographié des leçons faites par M. Navier à l'école des ponts et chaussées. Elle se compose d'un gros cylindre, garni de très-courts canaux placés normalement au cylindre, et dirigeant l'eau tangentiellement à la sortie des orifices.

Cette machine partageant avec toutes celles à gros tambour l'avantage de laisser le liquide en repos dans son intérieur, pendant son mouvement, ne développe que peu de force centrifuge, en raison du raccourcissement des canaux; et c'est celle qui approche le plus du principe, d'après lequel doivent être construites les machines à réaction, pour recueillir le maximum du travail de l'agent moteur.

On doit observer cependant que la construction de la machine est vicieuse, parce qu'elle a trop de surfaces frottantes, et qu'elle reçoit l'eau par la partie inférieure du cylindre, au moyen d'un tube très-étroit, qui change brusquement l'intensité et la direction de la vitesse du fluide.

On peut adresser le même reproche à la roue à tubes recourbés de M. Mannoury-d'Hectot, qui reçoit l'eau comme la précédente; mais on doit dire en même temps que, bien que ses tubes recourbés aient un grand développement, ils se distinguent de tous ceux des autres roues par la forme de leur courbure, qui s'approche très-près de celle indiquée par la théorie, comme jouissant de la propriété de ne communiquer au liquide aucune force centrifuge, pendant le mouvement de la roue, théorie qui sera développée dans la seconde partie de ce mémoire.

La roue décrite par M. Navier et celle de M. Mannoury d'Hectot, rendent toutes deux un effet utile, qui n'a été dépassé par aucune autre roue connue : à la vue de ce résultat confirmé par l'expérience, et qui dépasse celui qu'il était permis d'espérer, en appliquant à ces machines la théorie généralement admise, il était naturel de rechercher en quoi cette théorie pouvait être en défaut, et très-peu difficile d'y parvenir avec un peu d'attention.

La théorie des machines à réaction, ne tient compte ni du temps que le liquide met à traverser le vase, ni de la forme des canaux d'écoulement. Ainsi, elle admet que dans un vase à surface de révolution, mobile autour de son axe et auquel on imprime un mouvement de rotation, le liquide renfermé dans le vase participe immédiatement à ce mouvement, et est aussi immédiatement soumis à l'action de la force centrifuge qui se développe du centre à la circonférence.

Elle admet encore que la force centrifuge développée sur les molécules et qui fait varier leur vitesse à la sortie, n'est pas fonction de la courbure des canaux, mais seulement de la distance du centre de l'orifice de sortie à l'axe de rotation.

Ces deux hypothèses sont erronées.

Chacun connaît ce fait, qu'un liquide renfermé dans un vase à surface de révolution ne participe au mouvement de rotation du vase que peu à peu et par couches concentriques de la circonférence au centre.

Il sera démontré dans la seconde partie de ce mémoire que la courbure des canaux n'est pas indifférente à l'intensité de la force centrifuge qui se développe dans leur intérieur.

On voit donc en discutant le premier fait, que si le liquide peut traverser le vase et les canaux avant d'avoir acquis aucune force centrifuge, sa vitesse de sortie sera due uniquement à la hauteur de chute, diminuée seulement des frottements, et que le mouvement du récepteur sera seulement fonction de cette vitesse; que conséquemment il sera possible d'obtenir le maximum de travail de l'agent moteur, puisque le mouvement de la machine peut être une quantité finie, et qu'alors, le liquide sortira avec une vitesse nulle, lorsque le mouvement, à la circonférence du récepteur, sera égal et de sens contraire à la vitesse de sortie du liquide.

Ces raisonnements font voir qu'il est possible d'obtenir d'une machine à réaction toute la force vive que possède un fluide en mouvement, ce que l'expérience a confirmé, tandisque d'après l'ancienne théorie l'effet total ne pouvait être recueilli que dans le cas d'une vitesse de rotation infinie, impossible à réaliser en pratique.

En effet l'équation de la vitesse de sortie du liquide, dans les machines à réaction, se réduit à $V = \sqrt{2gH + V^2}$, équation qui ne peut être satisfaite qu'autant que V est infini. Or, si la quantité V^2 qui se trouve sous le radical, et qui est due uniquement à la force centrifuge est réduite à zéro, la vitesse devient égale à la hauteur de chute, et on pourra obtenir le travail théorique produit par la chute.

Si l'on représente par

Tr Le travail transmis à la machine.

P Le poids du liquide dépensé dans une seconde.

H La hauteur de chute.

g La gravité.

w La vitesse angulaire.

R La distance du centre du jet à l'axe de rotation.

Le travail transmis par les machines à réaction avait pour expression d'après l'ancienne théorie

$$Tr = PH - \frac{P}{2g}\left(\sqrt{2gH + w^2 R^2} - wR\right)^2 \dots\dots\dots\dots (1)$$

Expression qui indique que le travail transmis ne peut jamais être égal au travail dé-

2

pensé PH, parce qu'il faudrait que l'on eut $2g\text{H} + w^2\,\text{R}^2 = w^2\,\text{R}_{,}^2$ ce qui est impossible.

Mais si l'on observe que la quantité $w^2\,\text{R}^2$ qui est sous le radical et qui est l'expression de la vitesse due à la force centrifuge est erronée, puisque d'après le principe fondé sur l'expérience, le fluide ne participe pas immédiatement au mouvement du vase, on doit avoir pour expression de la vitesse due à la force centrifuge dans une machine quelconque dont $\text{R}_{,}$ serait le rayon du cylindre vertical et R la distance du centre de l'orifice à l'axe $(w^2\,\text{R}^2 - w^2\,\text{R}_{,}^2)$

Cette valeur réelle de la vitesse due à la force centrifuge étant substituée dans l'équation (1) on aura

$$\text{T}r = \text{PH} - \frac{\text{P}}{2g}\left\{\sqrt{2g\text{H} + w^2\,\text{R}^2 - w^2\,\text{R}_{,}^2} - w\text{R}\right\}^2$$

En discutant cette équation, on voit que, pour avoir TR maximum, il faut que le terme négatif devienne zéro, c'est-à-dire que, $2g\text{H} + w^2\,\text{R}^2 - w^2\,\text{R}_{,}^2 = w^2\,\text{R}^2$ d'ou l'on tire $2g\text{H} = w^2\,\text{R}^2$ c'est-à-dire que le rayon du cylindre vertical deviendra égal à la distance du centre de l'orifice à l'axe.

La vitesse du liquide étant égale à la vitesse de rotation, le liquide aura donné tout son travail à la machine et on aura alors $\text{T}r = \text{PH}$, quantité indiquée comme ne pouvant être réalisée d'après l'ancienne théorie.

On voit encore que pour recueillir l'effet théorique, il convient de faire $\text{R} = \text{R}_{,}$ c'est-à-dire de placer l'ajutage tangentiellement au cylindre ; enfin que la condition du maximum d'effet, ne peut être réalisée que par les machines jouissant de la propriété de ne communiquer aux molécules du fluide qui les traverse aucune force centrifuge.

Ce nouveau principe admis, il s'ensuit que l'appareil se réduit à un cylindre terminé à sa circonférence par des ajutages, qui dirigent l'eau tangentiellement au cylindre par l'orifice de sortie, et qu'aucune autre combinaison ne peut satisfaire à cette condition, parce qu'il y aura toujours un travail perdu, exprimé par

$$\left\{\frac{\text{P}}{2g}\sqrt{2g\text{H} + w^2\,(\text{R}^2 - \text{R}_{,}^2)} - w\text{R}\right\}^2$$

On pourrait encore cependant, quoique d'une manière moins favorable, obtenir le travail théorique, en laissant échapper l'eau par le fond du vase, et en lui faisant suivre un conoïde droit ayant pour plan directeur un plan horizontal, et pour directrices l'axe de la machine et une courbe tracée sur le cylindre enveloppe, dont l'élément inférieur serait horizontal.

Cette disposition serait effectivement moins favorable, parce que les molécules sortant avec la même vitesse, mais à une distance différente de l'axe, ne peuvent être toutes abandonnées par la machine avec une vitesse nulle ; parce qu'ensuite, une molécule entraînée par le canal, suivant un petit arc de cercle, acquiert un peu de force centrifuge qui altère l'intensité et la direction de la vitesse primitive ; bien que cette machine

puisse être utilisée, il est inutile d'en parler plus longuement, en raison de son infé-
riorité comparativement à celle qui fait l'objet de ce Mémoire.

Pour satisfaire complètement à la théorie dans la pratique, et obtenir PH ou le maximum d'effet, il faut : 1° que le liquide arrive sans vitesse sensible ; 2° qu'il descende sans
perturbation ; 3° qu'il sorte sans vitesse ; 4° que les surfaces frottantes soient réduites
au minimum, c'est-à-dire que des orifices soient ouverts sur toute la surface cylindrique, conditions qui n'ont été réalisées qu'en partie dans les machines à réaction ;
5° que les orifices soient très-étroits, pour porter la réaction à l'extrémité du rayon, et
faire que les filets liquides soient le plus possible, abandonnés par la machine, à une
même distance de l'axe ; 6° enfin, que la machine ait une vitesse égale à la vitesse
moyenne des molécules à leur sortie.

Pour réaliser toutes ces conditions, voici comment la machine est établie.

La huche qui reçoit la roue, communique directement avec le bief supérieur dont
elle est censée faire partie ; elle est assez large pour que l'eau y arrive sans vitesse
sensible, et s'y maintienne à une hauteur constante ; son fond descendu au niveau du
sous-bief de l'étiage, est percé d'un trou circulaire, dans lequel la roue est introduite et
placée au-dessous du sous-bief, de sorte que les orifices sont constamment noyés, et
la chute totale utilisée en entier.

Pendant le mouvement de la roue, il se manifeste dans la huche, en sens contraire
de ce mouvement, des tourbillonements dus à l'aspiration des orifices, mais qui sont
facilement détruits par de légères cloisons fixes, établies dans la huche, et qui suffisent
pour maintenir le liquide en repos.

Si sous une même chute, on laisse prendre à la roue des vitesses différentes, on s'a-
perçoit que la dépense augmente graduellement avec la vitesse, ce qui paraît tenir à la
dépression qui se produit derrière les orifices, pendant le jeu de la machine, dépression qui est elle-même fonction de la saillie des orifices sur l'enveloppe, et qui
ajoute à la charge du liquide. D'où l'on peut conclure que, pour avoir moins de varia-
tions dans la dépense de la machine, il convient de diminuer la saillie des orifices et
d'en multiplier le nombre.

Des expériences réitérées sur des appareils assez grands, ont constamment donné de
0,85 à 0,90 de l'effet théorique, et quelquefois ce dernier chiffre a été dépassé. Le
premier chiffre, c'est-à-dire 0,85 a constamment été obtenu d'une roue d'un mètre dix
centimètres de diamètre, qui est montée à la belle papeterie de Geneuille (1), près

---

(1) MM. Chalandre et Robichon, auxquels notre pays est redevable de cette belle papeterie,
l'une des plus considérables de France, sont tellement satisfaits du rendement de cette roue, qu'ils
se préparent à substituer, partout où les dispositions de l'usine le permettront, des récepteurs de
notre système, aux roues de côté qui existent actuellement, et dont une est de la force de trente
chevaux.

Besançon, quoique cette roue soit placée dans une huche étroite, construite à la hâte, et dans des circonstances défavorables au mouvement de la machine.

Une légère différence de niveau d'un centimètre suffit pour lui imprimer un mouvement de sept à huit tours à la minute, lorsqu'elle marche à vide, et lors des dernières crues de la rivière de l'Ognon, sur laquelle la papeterie de Geneuille est placée, la roue fonctionnait sous une charge de 0,^{m}30 tandis que pour produire le même travail, avec le même volume d'eau, il fallait à une roue de côté établie dans l'usine une charge de 0,75.

Il est hors de doute qu'avec cette roue on peut utiliser toutes les chutes depuis la la plus basse à la plus élevée : seulement il faudra varier les dispositions pour amener l'eau à la roue qui, dans tous les cas, doit présenter le minimum de surfaces frottantes et se réduire à la hauteur de ses orifices.

Il se passe dans le mouvement de la roue à réaction sans force centrifuge, plusieurs phénomènes curieux, dont il sera prochainement rendu compte, lorsqu'ils auront été observés sur plusieurs roues de force variable, mues par des chutes de différentes hauteurs, afin de bien vérifier les lois suivant lesquelles ces phénomènes se développent, et ne rien laisser à désirer sur l'évidence des causes et sur l'exactitude des résultats; Mais, quoique incomplet sous ces deux rapports, ce mémoire dont la publication a été hâtée par une communication, faite à l'institut le 28 novembre dernier, environ six mois après la prise du brevet, pour l'application du principe de la réaction sans force centrifuge, aux fluides liquides ou gazeux, ne sera néanmoins pas sans intérêt pour la science et pour l'industrie. Il doit être permis d'espérer qu'il appellera l'attention des savants, sur le meilleur mode de transmission de travail des agents moteurs le plus fréquemment employés, et qu'il servira à fixer l'incertitude de la plupart des industriels, qui, mieux éclairés, n'hésiteront plus à adopter des récepteurs hydrauliques peu coûteux d'établissement et d'entretien, à l'abri des gelées et de la plupart des crues.

FIN.

BESANÇON, IMPRIMERIE DE OUTHENIN-CHALANDRE FILS.

Mémoire sur la Machine à réaction, sans force centrifuge.

Essai sur l'influence de la Longueur des Canaux droits mobiles dans les Machines à réaction.

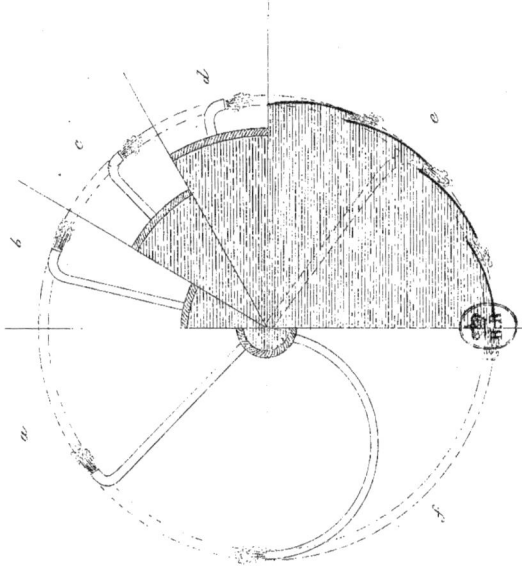

Fig. 2

Fig. 1

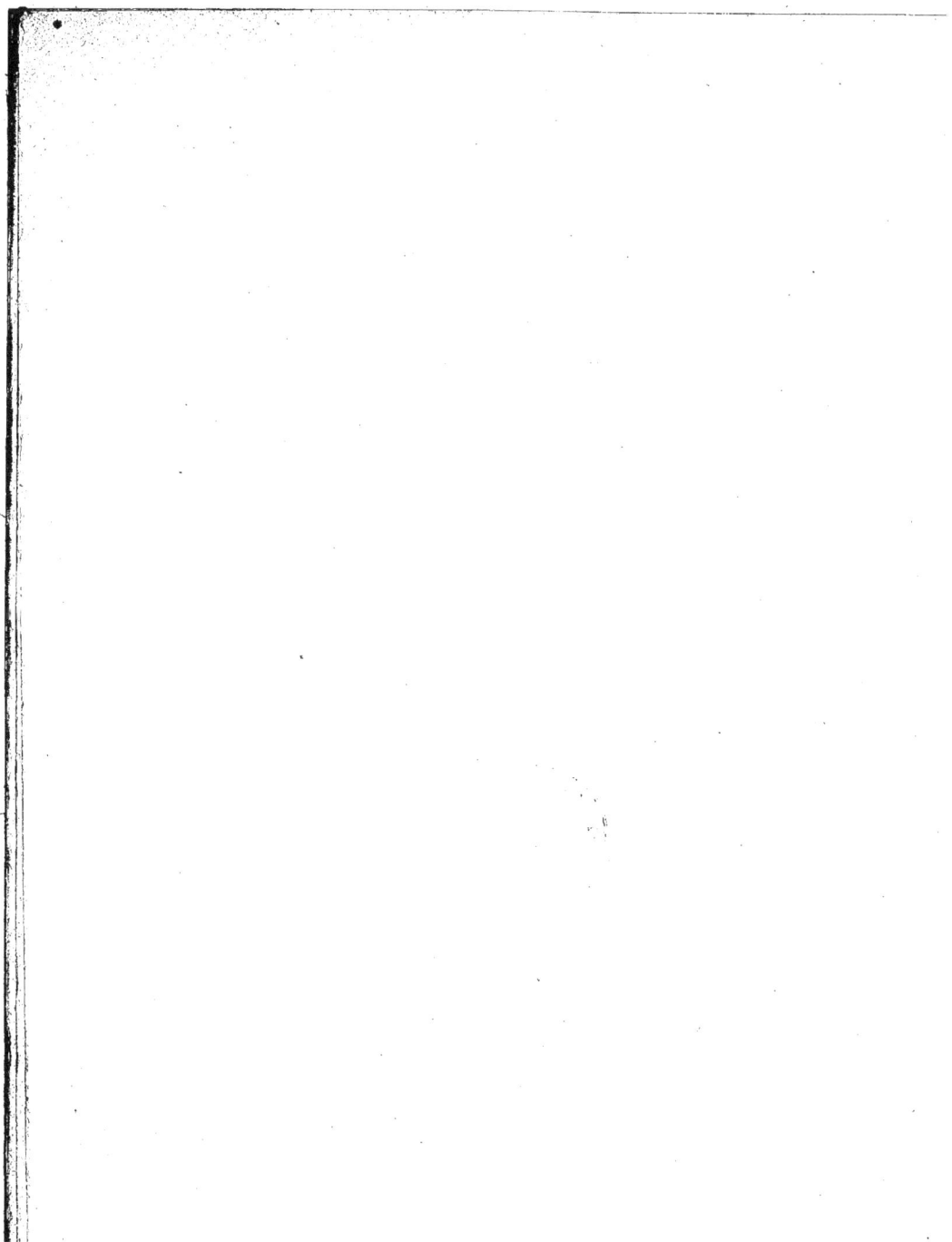

ESSAI

DES COURBES ET DES SECTIONS

DANS LES CANAUX MOBILES

DES

MACHINES A RÉACTION,

SUIVI

D'UNE THÉORIE DE CES MACHINES

DÉDUITE DES PRINCIPES EXPOSÉS DANS CES NOTES.

PAR A. A. BOUDSOT,

ANCIEN ÉLÈVE DE L'ÉCOLE CENTRALE ; INGÉNIEUR CIVIL.

BESANÇON,

BINTOT, LIBRAIRE, PLACE SAINT-PIERRE.

PARIS,

GOEURY, LIBRAIRE, QUAI DES AUGUSTINS.

15 NOVEMBRE 1839.

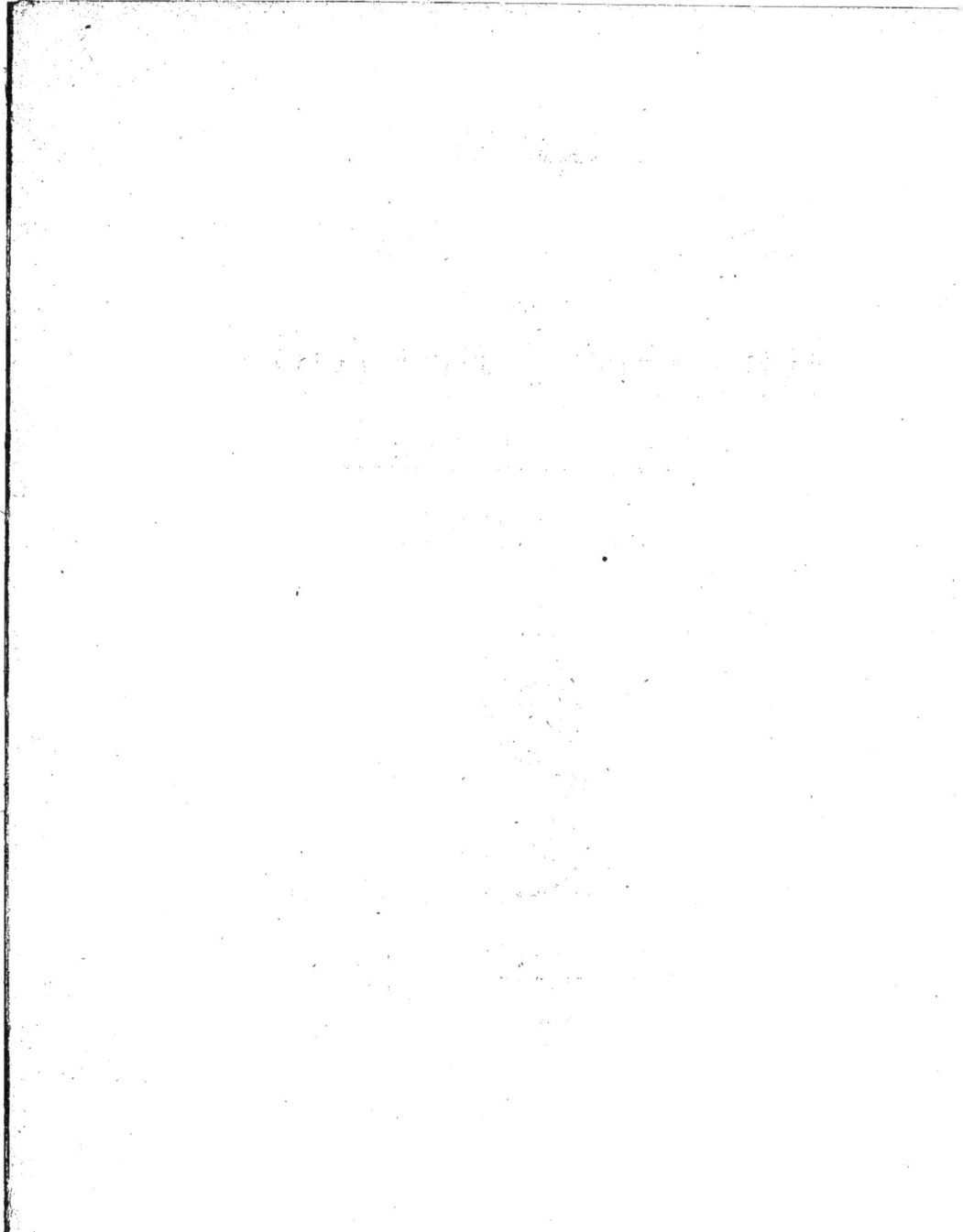

A Messieurs les Directeur et Professeurs

DE L'ÉCOLE CENTRALE,

EN PARTICULIER

à Monsieur CORIOLIS,

PROFESSEUR D'ANALYSE ET DE MÉCANIQUE, MEMBRE DE L'INSTITUT
(Académie des Sciences).

TÉMOIGNAGE DE RECONNAISSANCE.

Leur Élève,

A. A. Boudsot.

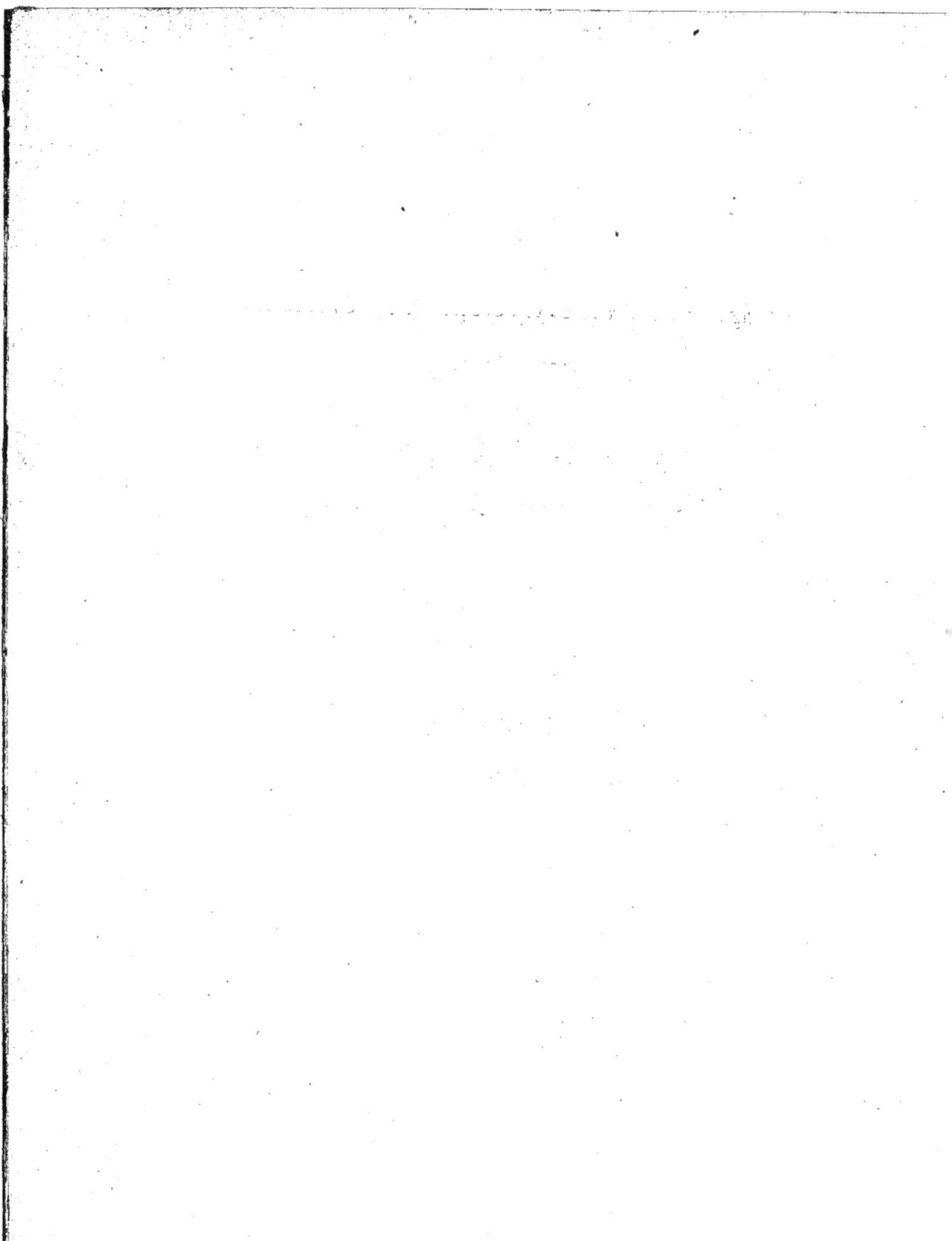

I. Si on imprime un mouvement de rotation autour de l'axe, à un vase à surface de révolution, et rempli de liquide, la masse de celui-ci ne participera à ce mouvement que lentement et successivement, et par couches concentriques de la circonférence au centre.

Si donc un liquide traverse un pareil vase, et s'en échappe avant d'avoir participé à son mouvement, il n'aura acquis aucune force centrifuge, et sa vitesse de sortie ne sera due qu'à la hauteur de chute.

II. Si une molécule parcourt un canal d'une forme quelconque, animé d'un mouvement de rotation, la trajectoire réelle décrite par la molécule, se composera de la somme des résultantes des petits espaces décrits, dans le même temps, par la molécule, autour de l'axe de rotation et dans le canal mobile.

Cette trajectoire décrite par la molécule, peut être modifiée par la courbure du canal mobile, jusqu'à devenir une ligne droite, placée dans le sens du rayon du cercle décrit par le centre des orifices de la machine. Or, si la molécule marche suivant le rayon, la composante dans le sens du chemin circulaire sera nulle; par conséquent, il n'y aura pas eu de force centrifuge développée sur la molécule, pendant son trajet, et la vitesse de sortie à l'orifice, ne sera donc due entièrement qu'à la hauteur de l'eau dans la machine.

Ces deux considérations qui sont de la plus grande importance dans l'établissement des machines à réaction, ont été omises, jusqu'à présent, dans la théorie de ces récepteurs. De là il résulte que les formules consacrées indiquent pour la condition du maximum d'effet de l'agent moteur, une vitesse infinie de rotation, tandis qu'il est des cas, où cette vitesse ne dépasse pas celle qui est due à la hauteur de chute, comme nous le verrons plus loin, dans la nouvelle théorie de ces machines.

L'énoncé de la première proposition suffit pour en faire sentir la vérité; quant à la seconde, elle a besoin pour être bien saisie du secours des mathématiques.

La trajectoire réelle décrite par une molécule en mouvement, dans un canal droit et d'une section constante tournant autour d'un axe, était la première chose qu'il venait à l'esprit d'étudier; c'est ce que j'ai fait. J'ai démontré que si l'on donnait au canal mobile la forme de la trajectoire décrite et qui est une spirale, de la nature de celles connues sous le nom de spirale d'Archimède, la molécule qui la traverserait pendant son mouvement de rotation, décrirait une droite dans le sens du rayon, si les sections du canal étaient variables, suivant les lois que j'ai déterminées. Mais les spirales n'ayant pas de tangente perpendiculaire au rayon vecteur pour une valeur finie de cette ordonnée polaire, on conçoit qu'il est impossible d'employer ces courbes seules dans la construction des machines à réaction sans perdre une partie du travail du fluide moteur. Ces spirales ne pouvant résoudre complétement le problème de la *réaction sans force centrifuge*, j'ai recherché la nature de la courbe en fonction des conditions auxquelles elle devait satisfaire, et j'ai trouvé l'expression de l'arc décrit par le rayon vecteur en fonction du sinus donné par le rapport de l'ordonnée polaire courante de la courbe au rayon vecteur limite.

La discussion de cette équation, fait voir que cette courbe appartient à la famille des lemniscates, et la valeur du rayon de courbure déduite de l'équation de cette courbe, est une quantité constante et égale à la moitié de la plus grande ordonnée polaire.

La courbe du canal à section constante, qui ne développe point de force centrifuge, est donc l'arc d'une *lemniscate particulière*, composée de deux cercles tangents inscrits dans le cercle décrit par le centre des orifices de la machine.

Quelles que soient les vitesses de l'eau dans le canal, et à la circonférence, la courbe reste constante pour une valeur donnée du rayon de la machine.

Puisque la force centrifuge acquise est fonction de la trajectoire décrite par la molécule, et que cette trajectoire est elle-même fonction de la vitesse angulaire et de la courbure du canal, il était naturel de déduire les effets de cette force, c'est-à-dire la vitesse du fluide, de la nature de la courbe du canal mobile, et de la vitesse angulaire. Cette dernière valeur introduite dans l'équation du mouvement des machines à réaction, donne pour l'expression théorique de la force vive de la machine, le travail intégral transmis par l'agent moteur. Ce que l'ancienne théorie indique comme impossible à obtenir, sans une vitesse infinie de rotation, et ce que personne n'avait jamais cherché à réaliser avec les machines à réaction.

Maintenant que cette théorie m'est connue, j'aurais pu l'exposer d'une manière plus synthétique; mais j'ai pensé qu'il valait mieux, dans ces notes rapides, conserver l'ordre dans lequel les idées se sont présentées d'abord à mon esprit, et exposer d'après le même système d'analyse les conséquences auxquelles elles m'ont conduit.

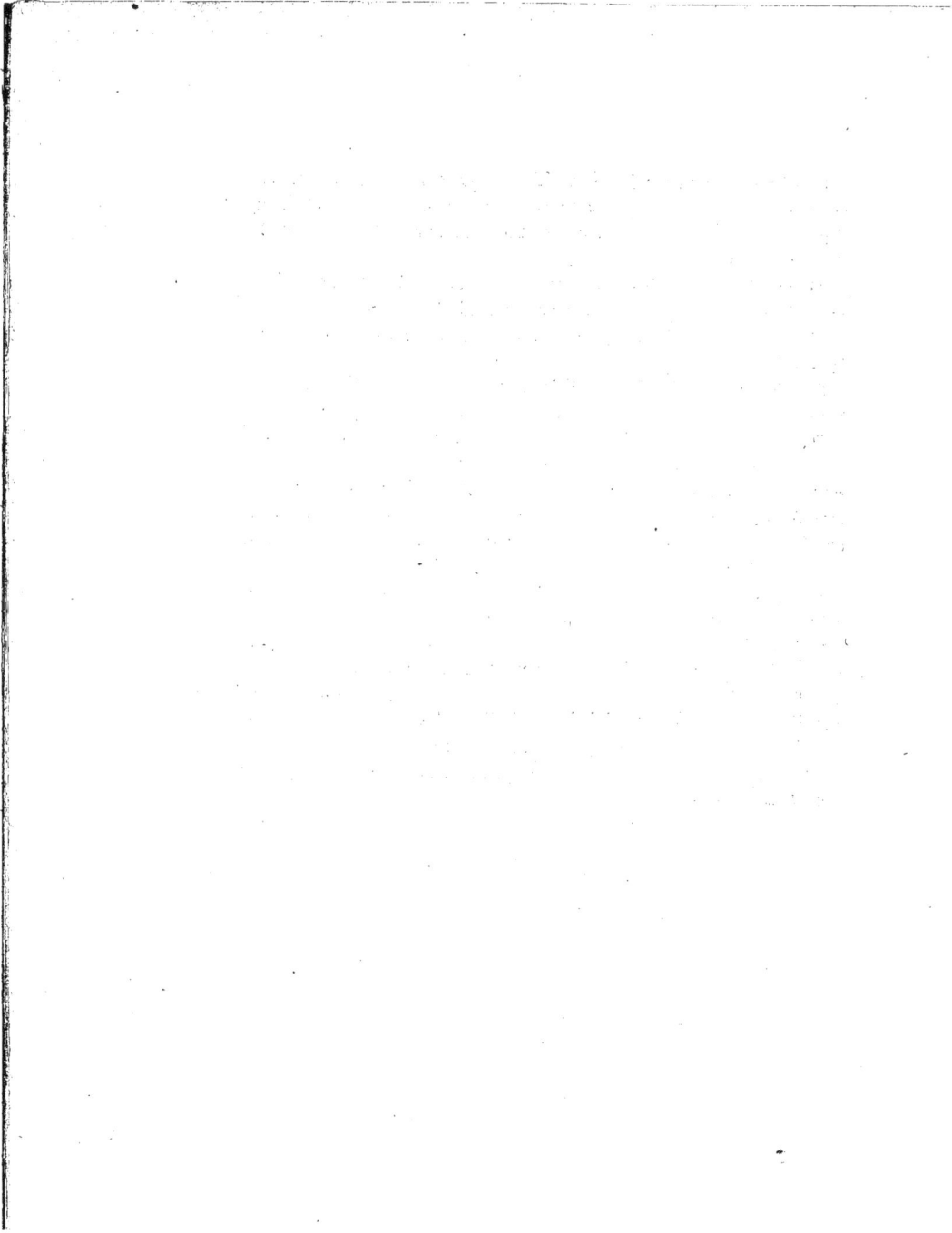

ESSAI

SUR L'INFLUENCE

DES COURBES ET DES SECTIONS

DANS LES CANAUX MOBILES

DES

MACHINES A RÉACTION.

CHAPITRE PREMIER.

Des Machines à réaction en général.

Il est peu de problèmes qui aient autant occupé les savants que celui de la réaction produite par un fluide en mouvement.

Newton, les deux Bernoulli, Euler, D'Alembert, Bossut, etc. traitèrent différentes questions relatives à ce problème; mais aucun d'eux ne laissa une théorie complète des machines à réaction.

Ce n'est que dans ces derniers temps, que plusieurs savants distingués, appliquant le principe fécond des forces vives, déterminèrent les principales conditions du mouvement de ces machines.

Cependant, la théorie admise aujourd'hui ne nous semble pas d'une application générale, parce qu'on n'a pas introduit dans la question toutes les données qu'elle comporte.

Ainsi l'on admet que, dans les machines à réaction, composées d'un gros tambour cylindrique, garni à la circonférence de courts orifices recourbés, le liquide participe

2

entièrement au mouvement du vase; tandis que la loi d'inertie veut le contraire. L'hypothèse admise suppose l'action d'une force pour produire le mouvement; et cette force ne peut être que le frottement, fonction de la nature des corps en contact, de l'étendue des surfaces et de la vitesse, d'où l'on conçoit que si l'appareil a peu de surface frottante, et si le liquide séjourne peu dans la machine, les premières couches en contact avec l'enveloppe, et qui seules ont un mouvement, n'auront pas le temps de transmettre à toute la masse le mouvement qu'elles possèdent; et par conséquent le liquide pourra être considéré comme ne participant point au mouvement de rotation.

La seconde considération, et celle qui nous semble la plus importante, paraît être celle de la forme des canaux mobiles dans lesquels l'eau se meut.

Jusqu'ici, quelle que soit la forme des canaux, l'on a admis pour la vitesse d'écoulement dans une machine à réaction quelconque abandonnée à elle-même, l'expression suivante :

$$V = \sqrt{2g\left(h + \frac{1}{g}\int_0^R w^2\, r\, dr\right)} \ldots \ldots \ldots \ldots \quad a.$$

h désignant la hauteur de chute.

w la vitesse angulaire.

r la distance à l'axe d'un point quelconque de la machine.

R la distance du centre de l'orifice extérieur à l'axe de rotation.

Or le second terme placé sous le radical est l'intégrale complète de la force centrifuge développée par une colonne liquide horizontale d'une longueur R, emportée d'un mouvement circulaire avec une vitesse angulaire w.

L'expression a donnée plus haut ne convient qu'à un seul cas des machines à réaction ; c'est celui où le tube horizontal mobile est en ligne droite : pour tous les autres cas, c'est-à-dire ceux où le tube a une forme courbe, elle est inexacte ; car le second terme, qui est l'expression de la force centrifuge développée par les molécules, est fonction de la forme des canaux ; et il y a un cas où cette valeur devient nulle : c'est ce que nous allons voir.

On conçoit, en effet, que deux machines à réaction ayant même vitesse angulaire, mais dont les canaux d'écoulement ont des courbures différentes suivant le plan de rotation, ne doivent pas entraîner les molécules de la même manière, ou en d'autres termes : *que le chemin absolu décrit dans l'espace par une molécule mobile dans un canal, animé d'un mouvement de rotation quelconque, doit être différent suivant la vitesse de la molécule dans le canal, et suivant la direction et l'intensité de la vitesse du canal dans l'espace*. Et il doit en être ainsi, puisque le chemin absolu de la molécule est la somme des résultantes variables de la vitesse de rotation et de la vitesse relative de la molécule dans le canal.

Si donc la trajectoire réelle décrite dans l'espace par une molécule mobile dans un canal emporté dans un mouvement de rotation, dépend de la forme du canal mobile, on voit que la force centrifuge développée par la molécule sera aussi fonction de cette courbe.

Pour rendre ceci plus facile à saisir, analysons ce qui se passe dans le mouvement d'une molécule emportée par un canal en ligne droite dans lequel elle se meut.

Le mouvement de la machine étant arrivé à l'uniformité, si le canal a partout une égale section, la vitesse sera constante dans toute sa longueur, puisque, si la vitesse était variable, comme le volume d'eau écoulé est constant, il faudrait que le vide se produisît dans différentes parties du tube, ce qui est impossible.

Pendant qu'une molécule parcourt la longueur du tube d'un mouvement uniforme, l'orifice du tube parcourt une portion de la circonférence qu'il décrit aussi d'un mouvement uniforme, et le chemin réel décrit dans l'espace par la petite masse liquide se trouve être la trajectoire a', b', c', d' e', f', g', h', i', *fig.* 1. Chaque molécule, pour sortir du tube, décrira donc une courbe semblable.

Les composantes différentielles $rd\theta$ des éléments ds de la trajectoire rapportée à ses coordonnées polaires, donnent à chaque instant la mesure de la vitesse angulaire réelle de la molécule, et par conséquent l'expression de la force centrifuge développée par la molécule. La composante dr suivant le rayon, c'est-à-dire perpendiculaire au chemin circulaire, est tout-à-fait étrangère à la valeur de la force centrifuge.

Ainsi, *fig.* 2, pendant que la courbe AB se transporte en AB', si la molécule m se meut de m en m', au lieu d'avoir décrit l'angle α que forment entre eux les rayons vecteurs, elle n'aura réellement parcouru que l'angle β, c'est-à-dire que sa vitesse devra être diminuée de celle de *recul*, qu'elle a prise en sens inverse, et qui est égale à $rd\theta$.

Si la quantité $rd\theta$ était égale à rdw, w étant la vitesse angulaire, on conçoit alors que la molécule marcherait en ligne droite suivant le rayon, et que la force centrifuge serait nulle.

Au lieu de supposer notre canal d'écoulement en ligne droite, supposons-le un instant ayant la forme de la trajectoire décrite par la molécule, *fig.* 1, et faisons marcher ce nouveau canal en sens inverse du premier mouvement, c'est-à-dire, de C en B, il est bien évident alors, que, si un corps se meut le long de cette courbe, pendant qu'elle décrit l'arc CB, et que les composantes de cette vitesse suivant le rayon vecteur soient constantes, il est bien évident, disons-nous, que la molécule aura décrit pendant ce temps la ligne droite AB. Comme la composante de la vitesse absolue suivant le chemin circulaire est nulle, il est clair que toutes les molécules décrivant des lignes semblables n'auront acquis aucune force centrifuge, et que par conséquent elles auront tout simplement la vitesse due à la hauteur de chute, diminuée des frottements que l'eau éprouve de la part des canaux ; pour ce cas la formule *a* est fautive, puisqu'elle indique une vitesse infinie, tandis que nous voyons qu'elle doit devenir simplement

$$V = \sqrt{2\,g\,h}$$

attendu que le second terme du radical qui est l'intégrale de la force centrifuge se réduit à zéro.

On conçoit donc maintenant qu'il existe des courbes particulières jouissant de la propriété de ne point développer de force centrifuge. Mais entre ces courbes particulières et la ligne droite qui développe le maximum de force centrifuge, il en existe une infinité d'autres capables de développer une force centrifuge variable. En général, si une masse *m* se meut sur une courbe AB *fig.* 2, pendant que cette courbe a un mouvement de rotation suivant BB', et si, pendant que la courbe décrit l'arc BB', la molécule recule de *rdθ*, *dr* et *rdθ* étant les différentielles des coordonnées polaires de la courbe, *w* la vitesse angulaire de la machine, la vitesse réelle de la molécule dans l'espace qui servira à déterminer l'expression de la force centrifuge sera égale à la différentielle angulaire, moins la vitesse de recul *rdθ* ; l'on aura donc pour l'expression de la vitesse angulaire réelle en fonction de la courbe $f(rdw - rd\theta)$ et pour l'expression de la force centrifuge de la molécule située à la distance *r*

$$(^{*}) \quad \frac{(wr - r\theta)^2}{r} = (w^2 r - 2 w\theta r + \theta^2 r). \quad \dots \dots \dots \dots (1).$$

La formule *a* donnée plus haut deviendra donc

$$V = \sqrt{2g\left[\left(h + \frac{1}{g}\int_0^R (w^2 r - 2w\theta r + \theta^2 r)\,dr\right)\right]} = \sqrt{2g\left[h + \frac{1}{2g}(w^2 R^2 - 2w\theta R^2 + \theta^2 R^2)\right]} \quad (2)$$

Telle est l'expression de la vitesse de sortie dans une machine à réaction dont la forme du canal est donnée en fonction de ses coordonnées polaires.

Cette équation nous fait voir que pour que la vitesse de sortie du liquide ne soit due qu'à la hauteur de chute, et quelle n'augmente pas avec la vitesse de rotation ; il faut que $w^2 R^2 - 2w\theta R^2 + \theta^2 R^2 = o$ d'où $w = \theta$, c'est à dire qu'il est indispensable que

---

(*) En un point d'une courbe quelconque, si R est le rayon du cercle osculateur et *dx* la quantité dont l'élément de la courbe s'est infléchie, l'on aura $\dfrac{ds^2}{dx} = \dfrac{V^2\,dt^2}{\frac{1}{2}f\,dt^2}$ en appelant V la vitesse du mobile sur la courbe, *f* la force centripète qui fait dévier le corps de l'expression *dx*, et à la limite $dy^2 + (R - dx)^2 = R^2$. D'où $\dfrac{dy^2 + dx^2}{dx} = \dfrac{ds^2}{dx} = 2R$, ce qui donne $\dfrac{2V^2}{f} = 2R$, et enfin pour l'expression de la force centrifuge $f = \dfrac{V^2}{R}$.

la vitesse *angulaire* soit égale à la vitesse de *recul* puisqu'ici θ a lieu en sens inverse de w et qu'il est par conséquent de signe contraire.

Cette expression qui est très-simple nous fait voir que la force centrifuge développée par un canal sur une molécule qui le parcourt pendant qu'il décrit l'arc θ, est tout-à-fait indépendante de la forme du canal, et que cette force ne dépend que du rapport de θ à la vitesse angulaire.

Mais entre les courbes pour lesquelles $\theta = w$, ce qui est le cas des machines *à réaction sans force centrifuge*, et les lignes qui donnent $\theta = o$, ce qui est le cas de la ligne droite qui donne le maximum de force centrifuge, il existe un nombre infini de valeurs de θ qui nous donneront des machines à *force centrifuge variable*.

Examinons maintenant à quelles conditions particulières doivent satisfaire les courbes, suivant leur nature, pour donner le minimum de perte de force vive, c'est à dire pour que l'eau puisse y couler de la manière la plus régulière possible, tout en ne développant point de force centrifuge. Prenons pour exemple, la courbe que nous avons trouvée plus haut *fig*. 1, être décrite par une molécule en mouvement dans un tube droit horizontal emporté dans un mouvement circulaire.

Cette ligne est de la famille des spirales, connues généralement sous le nom de spirale d'Archimède, parce que ce grand géomètre en expliqua les principales propriétés.

En conservant la notation précédente, l'équation de ces courbes est

$$r = a\theta \dots \dots \dots \dots \dots \dots \dots \dots \dots \dots \dots \dots (1)'$$

a étant un nombre constant déterminé par la nature de la question.

Puisque la molécule doit avoir parcouru la longueur du tube pendant que le rayon vecteur aura décrit l'arc BC, et que les composantes de la vitesse dans les canaux sont constantes suivant le rayon, et que celles suivant la tangente au cercle décrit augmentent à mesure que la molécule s'éloigne de l'axe, il faut en déduire que la vitesse de l'eau dans le tube sera variable. Cherchons maintenant suivant quelle loi ces vitesses doivent varier dans les différents éléments de la courbe.

L'on a, si v et v' sont les vitesses dans les éléments ds et ds', $ds = vdt$ et $ds' = v'dt$. Mais comme les éléments doivent, d'après la génération de la courbe, être parcourus dans le même temps, l'on aura en outre la relation

$$\frac{ds'}{ds} = \frac{v'}{v} \dots \dots \dots \dots \dots \dots \dots (2)'$$

Mais l'équation (1)' de la courbe donne :

$$\frac{ds'}{ds} = \frac{\sqrt{dr_{,}^{2} + r^{2}, d\theta^{2}}}{\sqrt{dr^{2} + r^{2}d\theta^{2}}} = \frac{ad\theta\sqrt{\theta^{2}, +1}}{ad\theta\sqrt{\theta^{2}+1}} = \frac{\sqrt{\theta^{2}, +1}}{\sqrt{\theta^{2}+1}} = \frac{v'}{v} \dots \dots \dots (3)'$$

d'où l'on voit que la valeur de la vitesse v' sera variable avec les arcs θ décrits par le rayon vecteur. Quand on aura la vitesse v pour un point de la courbe, la vitesse v'

par un point quelconque dont θ, serait l'arc décrit par le rayon vecteur sera donné
par

$$v' = v \times \frac{\sqrt{\theta'^2 + 1}}{\sqrt{\theta^2 + 1}} \quad \dots \dots \dots \dots \dots \dots \quad (4)'$$

La section se déduira immédiatement de l'équation (3)', parce que comme la dépense
est constante, si s et s' sont les sections, l'on a aussi $v\, s = v'\, s'$ d'où $\dfrac{v'}{v} = \dfrac{s}{s'}$.

L'équation (3)' devient donc , $s' = s \dfrac{\sqrt{\theta^2 + 1}}{\sqrt{\theta'^2 + 1}} \quad \dots \dots \dots \quad (5)'$

L'équation (5)' nous fait donc voir que si le tube d'une machine à réaction est
courbé en spirale , et si les sections suivent le rapport inverse des racines quarrées des
quarrés des angles augmentés de l'unité , l'eau suivra une ligne droite dans la direction du rayon; mais les courbes qui appartiennent à la famille des spirales n'ayant
pas de tangente perpendiculaire au rayon vecteur pour une valeur finie de cette
ordonnée ne peuvent laisser échapper l'eau tangentiellement au cercle décrit par
la machine. Elles ne peuvent donc pas satisfaire entièrement à la condition indispensable pour recueillir le maximum d'effet de l'agent moteur. En effet, si vn et
vt désignent les composantes normales et tangentes de la vitesse de sortie, l'on

aura : $\dots \dots \dots \dots \quad \dfrac{dr}{rd\theta} = \dfrac{vn}{vt} = \dfrac{\sin \alpha}{\cos \alpha}$

La vitesse réelle v étant $\sqrt{vn^2 + vt^2} = \sqrt{\sin^2 \alpha + \cos^2 \alpha} \quad \dots \dots \quad (6)'$

L'on utilisera $vt = \dfrac{rd\theta}{dr} \times vn = \dfrac{rd\theta}{dr} \times \sqrt{V^2 - \cos^2 \alpha}. \quad \dots \dots \dots \quad (7)'$

Et l'on perdra $vn = \dfrac{dr}{rd\theta} \times vt = \dfrac{dr}{rd\theta} \times \sqrt{V^2 - \sin^2 \alpha}. \quad \dots \dots \dots \quad (8)'$

On voit donc que , malgré que les canaux en spirales modifiés convenablement dans
leur section , jouissent de la propriété de ne point développer de force centrifuge , il
est impossible de les employer sans les raccorder avec une autre courbe tangente au
cercle décrit par l'orifice, et disposée de manière à diriger la sortie du liquide dans la
direction du mouvement de rotation.

Si les développements donnés plus haut ont été bien saisis, on doit concevoir de
quelle importance doit être, dans la machine à réaction la forme des canaux, sur
l'intensité de la force centrifuge qui se développe dans leur intérieur.

S'il existe une courbe résolvant complètement la question, elle doit jouir de cette
propriété ; que la vitesse du liquide soit constante en un point quelconque de sa génération. Or, pour cela il faut qu'un arc situé à une distance quelconque du centre , mais
compris dans un même angle des rayons vecteurs ait une valeur constante.

Cette condition doit être satisfaite pour l'élément extrême, qui se raccorde au cercle décrit par la machine, puisque la vitesse sur le cercle doit être égale à celle qui a lieu dans le canal de la machine,

Si l'on conserve la notation précédente en faisant de plus $R =$ la plus grande ordonnée polaire de la courbe, ou le rayon du cercle décrit par l'orifice, l'on posera *fig.* 3,

$$ds = R\, d\theta \ \dots\dots\dots\dots\dots\dots\dots\dots\dots\dots (1)''$$

Mais l'expression différentielle de l'arc d'une courbe rapportée à ses coordonnées polaire étant : $ds = \sqrt{dr^2 + r^2\, d\theta^2}. \ \dots\dots\dots\dots\dots\dots\dots\dots (2)''$

L'on aura $(1)''$ et $(2)''$

$$R^2\, d\theta^2 = dr^2 + r^2\, d\theta^2 \ \text{ou} \ R^2 = \frac{dr^2}{d\theta^2} + r^2. \ \dots\dots\dots\dots (3)''$$

L'expression de la tangente en un point quelconque de la courbe sera donc

$$\frac{dr}{r\, d\theta} = \frac{\sqrt{R^2 - r^2}}{r} \ \dots\dots\dots\dots\dots\dots\dots (4)''$$

Rapport qui deviendra infini quand le rayon vecteur sera égal au rayon de la machine. La courbe aura donc un élément tangent au cercle décrit par la machine, et elle sera par conséquent susceptible de donner le maximum d'effet du fluide, puisqu'elle abandonnera le liquide dans la direction du chemin décrit.

L'équation de cette courbe tirée de $(4)''$ sera donc

$$\int d\theta = \int \frac{dr}{\sqrt{R^2 - r^2}} = \text{arc. } sin. \left(\frac{r}{R}\right) = \theta \ \dots\dots\dots\dots (5)''$$

L'on aura alors pour la rectification d'un arc quelconque de cette courbe, compté à partir du centre

$$\int ds = \int d\theta \sqrt{\frac{dr^2}{d\theta^2} + r^2} = R\theta = s \ \dots\dots\dots\dots\dots (6)''$$

L'arc de cette courbe sera donc constamment égal à l'arc de cercle compris dans l'angle α des rayons vecteurs, et décrit du rayon R ou de l'ordonnée limite *fig.* 3.

L'arc complet de la courbe sera donc égal au quart de la circonférence du cercle décrit avec le rayon R.

Si l'on reprend l'équation $(5)''$ en donnant successivement toutes les valeurs à θ depuis o jusqu'à π on voit que cette courbe appartient à la famille des *lemniscates*. (*fig.* 4.)

Un arc quelconque de cette courbe étant égal à l'arc du cercle du rayon limite, par conséquent la courbe entière étant égale à la circonférence, on voit que, quelle que soit la vitesse du fluide dans un tube de cette forme, il sortira toujours avec une vitesse nulle à la circonférence si la machine est libre de se mouvoir.

La courbe que nous venons de déterminer est donc la seule qui satisfasse complètement sans le secours d'aucune autre, et sans changements de vitesse dans le liquide aux conditions des machines à réaction *sans force centrifuge*.

Comme la vitesse angulaire *w* est égale à *θ* puisque les éléments de cette courbe se confondent avec le cercle limite, où l'on a $Rw = R\theta$, l'on voit que la forme de cette courbe est constante, et entièrement indépendante de la vitesse du fluide et de la vitesse angulaire.

C'est donc la seule qui puisse résoudre sans perte de force vive, pour tous les cas possibles, le problème des *machines à réaction sans force centrifuge*.

Pour connaître toutes les circonstances de cette courbe, il convient de chercher l'expression du rayon du cercle osculateur, afin de connaître la loi suivant laquelle la courbure varie.

L'expression du rayon de courbure d'une courbe rapportée à ses coordonnées polaires est comme on sait $\rho = \dfrac{(dr^2 + r^2\, d\theta^2)^{\frac{3}{2}}}{r\, d\theta\, d^2 r - r^2\, d\theta^2 - 2dr^2\, d\theta}$

valeur qui devient, en faisant attention que $d^2 r = -\dfrac{r\, dr^2}{R^2 - r^2}$ et $dr^2 = (R^2 - r^2)\, d\theta^2$

$$\rho = \frac{R^3}{-2r^2 - 2(R^2 - r^2)} = \frac{R}{2} \quad \dots \dots \dots (7)''$$

Le rayon de courbure est donc constant et égal à la moitié du rayon du grand cercle égal à celui qui est décrit par les orifices de la machine.

Cette lemniscate particulière donnée par (5)'' (fig. 4) se composera donc de deux cercles tangents ayant chacun pour rayon le quart du diamètre de la machine.

Si l'on voulait construire graphiquement l'équation (5)'' pour s'assurer que la courbe est bien un cercle, il suffirait de tirer les rayons A *b*, , A *c*, , A *d*, (*fig.* 4), dans l'angle B A E, les sinus de ces angles projetés sur le rayon AB serviraient à décrire les arcs qui, par leur rencontre avec les rayons correspondants, détermineraient la courbe, qui, comme on le voit, est un demi cercle.

Il est peut-être bon de se rendre compte de la marche que suit la molécule suivant le rayon A C, et des angles que forment ces forces avec le rayon vecteur. Une molécule cheminant le long de la droite AC (*fig.* 4) aura une vitesse d'une inclinaison variable suivant la distance; ainsi en *a'*, *b'*, *c'* et *d'*, les angles sont respectivement *α*, *ç*, *γ*, *δ*. Les points correspondants sur le cercle à l'origine du départ, seront *a*, *b*, *c*, *d*, dont les angles avec les rayons vecteurs seront respectivement les mêmes.

Une machine à réaction *sans force centrifuge*, construite sur les principes que nous avons développés, se composera donc d'un gros cylindre vertical, sur lequel seront branchés des canaux en arc de cercle, comme l'indique la disposition de l'angle BAC (*fig.* 5). Le tube vertical pourra augmenter de diamètre, suivant l'importance de la machine , de manière à avoir la disposition comprise dans l'angle BAE (*fig.* 5) où le tube du rayon R reçoit des tubes qui laissent échapper l'eau tangentiellement en *a*, *b*, *c* et *d*.

On voit de suite que pour éviter la perte de force provenant des résistances qu'éprouve l'eau à se mouvoir dans les canaux, il convient de réduire au minimum de longueur ces canaux ; pour cela il suffit d'augmenter le diamètre du tube vertical, jusqu'à ce qu'il devienne tangent au bord intérieur des orifices; et l'on a alors la disposition de l'angle DAE (*fig.* 5.)

Par la disposition indiquée dans l'angle EAD (*fig.* 5), pour que l'eau ne participe pas au mouvement de rotation du cylindre, il suffit , comme nous l'avons fait observer plus haut : 1º que le temps que met l'eau à traverser le vase, soit le plus court possible; 2º que la surface frottante du cylindre soit un minimum : on réalise ces conditions en ouvrant des ouvertures tangentes sur toute la surface du cylindre, en encadrant la machine dans un trou circulaire pratiqué au fond de la huche qui amène l'eau, et en ne donnant au cylindre que la hauteur des orifices.

La disposition indiquée dans l'angle CAD (*fig.* 5) résume notre principe. Soit un tuyau vertical d'un rayon R auquel sont adaptés des canaux en ligne droite et recourbés seulement à l'extrémité, pour détruire la force centrifuge de cette machine, il suffit d'agrandir le diamètre du tuyau vertical, jusqu'à ce qu'il soit tangent à la partie intérieure de l'orifice ; cet orifice qui sera en saillie de tout son diamètre sur le cylindre vertical se raccordera avec la surface de ce dernier au moyen de plans tangents. Telle est en résumé notre machine, qui se compose d'un gros tuyau vertical qui porte à sa circonférence le plus grand nombre possible d'orifices , qui dirigent tangentiellement l'eau à la sortie des jets.

Telles sont les différentes considérations qui nous ont conduits, conjointement avec M. Convers, à l'application du principe de la réaction à un appareil réalisant le maximum du travail, parce que dans son intérieur et dans les canaux , il n'y a point de cause qui puisse changer brusquement la vitesse, soit en direction, soit en intensité, et qu'il n'existe point de cause de perturbation des molécules fluides, soit dans l'intérieur de la machine, soit dans les orifices par où elle s'échappe.

C'est à cet appareil hydraulique à *réaction sans force centrifuge* que nous avons donné le nom de *Franc-Comtoise*, en l'honneur de la province où la première application en a été faite.

NOTA. C'est pour l'application de ces principes aux fluides liquides ou gazeux que M. Convers et moi nous avons pris un brevet d'invention le 12 juin 1839.

CHAPITRE II.

Application des principes précédents à la Théorie des Machines à réaction.

Si l'on désigne par :

P le poids du volume d'eau écoulé dans l'unité de temps.

h la hauteur de la chute.

w la vitesse angulaire de la machine.

Tr le travail transmis à la machine, augmenté des pertes dues aux frottements et bouillonnements des molécules.

V la vitesse de sortie du liquide.

R le rayon de la machine.

α l'angle que fait la direction de la vitesse de sortie avec la tangente au point de l'orifice.

La vitesse perdue sera la composante normale dont la valeur est V $sin\ \alpha$ . . (a') et la vitesse utilisée sera V $cos\ \alpha$ . . . . $(2a')$ L'angle α qui rendra V $cos\ \alpha$ un maximum, c'est-à-dire égal à V, sera évidemment celui dant le $cos = 1$; on voit en même temps que si $\alpha = 0$, la vitesse normale perdue sera nulle. Ainsi, comme il convient d'avoir $\alpha = 0$, nous admettrons dans ce qui va suivre que la vitesse de sortie dans le plan de l'orifice se fait tangentiellement au cercle décrit par le centre de l'orifice.

La vitesse de sortie de l'eau étant comme nous l'avons trouvé plus haut, (2).

$$V = \sqrt{2g\left[h + \frac{1}{2g}(w^2 R^2 - 2w\theta R^2 + \theta^2 R^2)\right]} \dots \dots (3a')$$

et non pas $V = \sqrt{2gh + w^2 R^2}$ comme cela est généralement admis.

La vitesse relative avec laquelle l'eau sortira de la roue sera donc :

$$\left\{ \sqrt{2g\left[h + \frac{1}{2g}(w^2 R^2 - 2w.\theta.R^2 + \theta^2 R^2)\right]} - wR \right\} \dots \dots (4a')$$

La force vive perdue sera alors :

$$\frac{P}{2g}\left\{ \sqrt{2g\left[h + \frac{1}{2g}(w^2 R^2 - 2w.\theta.R^2 + \theta^2 R^2)\right]} - wR \right\}^2 \dots \dots (5a')$$

L'équation du mouvement de la roue deviendra donc,

$$Tr = Ph - \frac{P}{2g}\left\{ \sqrt{2g\left[h + \frac{1}{2g}(w^2 R^2 - 2w.\theta.R^2 + \theta^2 R^2)\right]} - wR \right\}^2 \dots (6a')$$

Cette expression (6a′) deviendra un maximum quand le deuxième terme du second membre sera égal à zéro, c'est-à-dire, quand :

$$\sqrt{(2gh + w^2 R^2 - 2w\theta.R^2 + \theta^2 R^2)} - wR = 0 \dots \dots (7a')$$

$$\text{ou } 2gh + \theta^2 R^2 = 2w\theta R^2. \dots \dots \dots (8a')$$

L'équation (8a′) nous fait voir que dans les machines à réaction où la vitesse angulaire est une valeur finie, il faut pour obtenir le maximum d'effet utile de l'eau que l'on ait

$$\theta = w \dots \dots \dots \dots \dots \dots \dots \dots (9a')$$

Cette égalité introduite dans l'équation (8a′) indique que l'on doit avoir

$$2gh = w^2 R^2 \dots \dots \dots \dots \dots \dots \dots \dots (10a')$$

c'est à dire que la vitesse réelle de l'orifice doit être égale à celle qui serait due à la hauteur de chute ; condition qui ne peut être remplie que par une *machine à réaction dirigeant tangentiellement l'eau à la sortie des orifices et jouissant de la propriété de ne point développer de force centrifuge dans les molécules qui la traversent.*

Outre l'avantage indiqué par la théorie, dans ces machines, il y en a encore un autre qui provient de ce que l'eau ne recevant pas de mouvement par l'action d'une force variable, ne perd pas le travail absorbé en perturbations et en bouillonnements, comme cela a lieu dans toutes les machines à réactions connues jusqu'à ce jour.

L'équation (6a′) deviendra donc en faisant $\theta = w$

$$Tr = Ph. \dots \dots \dots \dots \dots \dots \dots \dots (11a')$$

C'est-à-dire que le travail reçu, sera égal au travail total produit par la chute d'eau, diminué des frottements qui dans la machine à réaction sans force centrifuge, sont réduits au minimum.

La formule (6a′) nous indique en outre que le travail reçu, s'approchera d'autant plus du travail dépensé, que θ différera moins de la vitesse angulaire.

Si l'on admet avec nous, comme nous l'avons reconnu par maintes expériences : *qu'un liquide traversant, dans un temps très-court, un vase à surface de révolution, animé d'un mouvement de rotation autour de son axe, ne participe pas au mouvement du vase,* l'expression de la vitesse de sortie du liquide, dans une machine composée d'un gros cylindre vertical, dont R_{l} serait le rayon, et dont le canal mobile droit aurait par conséquent pour longueur, en conservant la notation précédente, $R - R_{l}$, la vitesse de sortie, disons-nous, serait alors

$$V = \sqrt{2gh + \frac{1}{g}\int_{R_{l}}^{R} w^2 r\, dr} = \sqrt{2g\left(h + \frac{w^2 R^2}{2g} - \frac{w^2 R^2_{l}}{2g}\right)} \dots (12a')$$

La force vive perdue sera donc :

$$\frac{P}{2g}\left\{\sqrt{2g\left(h+\frac{w^2\,R^2}{2g}-\frac{w^2\,R_{\prime}^2}{2g}\right)}-wR\right\}^2 \quad\ldots\ldots (13a')$$

Ce qui donnera pour le travail transmis :

$$Tr = Ph-\frac{P}{2g}\left\{\sqrt{2g\left(h+\frac{w^2\,R^2}{2g}-\frac{w^2\,R_{\prime}^2}{2g}\right)}-wR\right\}^2 \quad\ldots\ldots (14a')$$

La comparaison de l'équation (14a') avec la formule (6a') nous fait voir que l'on peut obtenir le maximum de travail des machines à réaction, par deux combinaisons différentes. En effet, puisqu'il suffit que le second terme sous le radical devienne égal à zéro, on peut y arriver soit en faisant $v = w$ dans l'équation (6a') ;

Soit en faisant $R = R_{\prime}$ dans l'équation (14a') ;

C'est-à-dire, en courbant convènablement les canaux comme nous l'avons indiqué plus haut, ou en faisant le rayon du gros cylindre vertical, égal au rayon de la machine : les deux moyens nous conduisent donc au même résultat. Mais, comme il convient de diminuer les frottements de l'eau autant que possible, on voit qu'il faut réduire les canaux mobiles à des *ajutages placés sur le cylindre, et dirigeant tangentiellement l'eau à la sortie des orifices.*

Si l'on fait attention en outre que, les vitesses relatives de sortie et de recul, qui donnent l'expression de la force vive perdue, sont variables avec les distances à l'axe de rotation ; on en conclura sans peine que les canaux doivent avoir une très-faible largeur.

On voit que notre machine devra se composer, en dernière analyse, de deux disques réunis ensemble par des plans courbés convènablement de manière à diriger l'eau dans le sens directement opposé au mouvement de rotation.

FIN.

BESANÇON, IMPRIMERIE DE OUTHENIN-CHALANDRE FILS.

Essai sur l'influence des Courbes et des Sections dans les Crucial mobiles
des Machines à réaction.

Fig. 3.

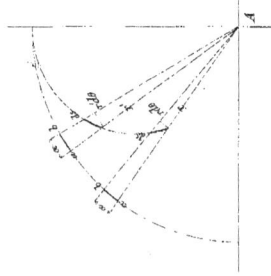

Fig. 2.

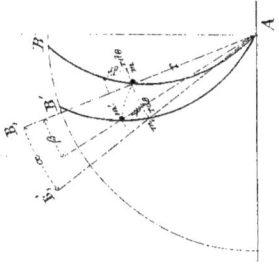

Fig. 1.

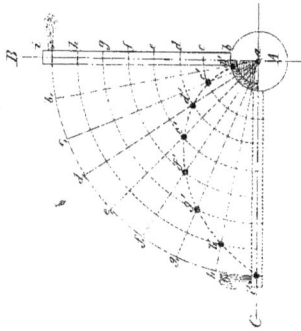

Fig. 5.

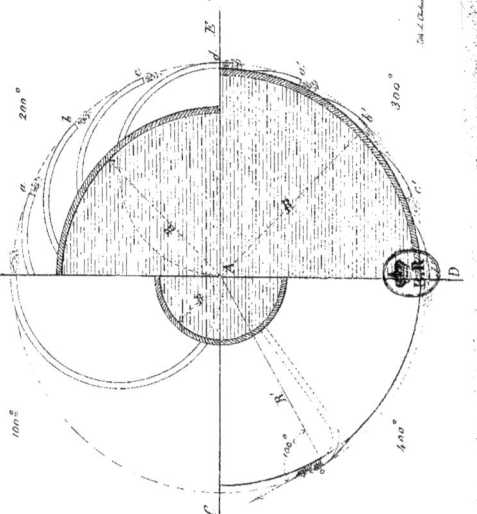

Fig. 4.

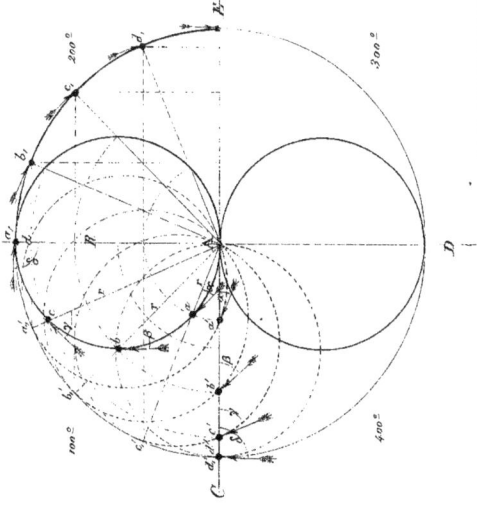

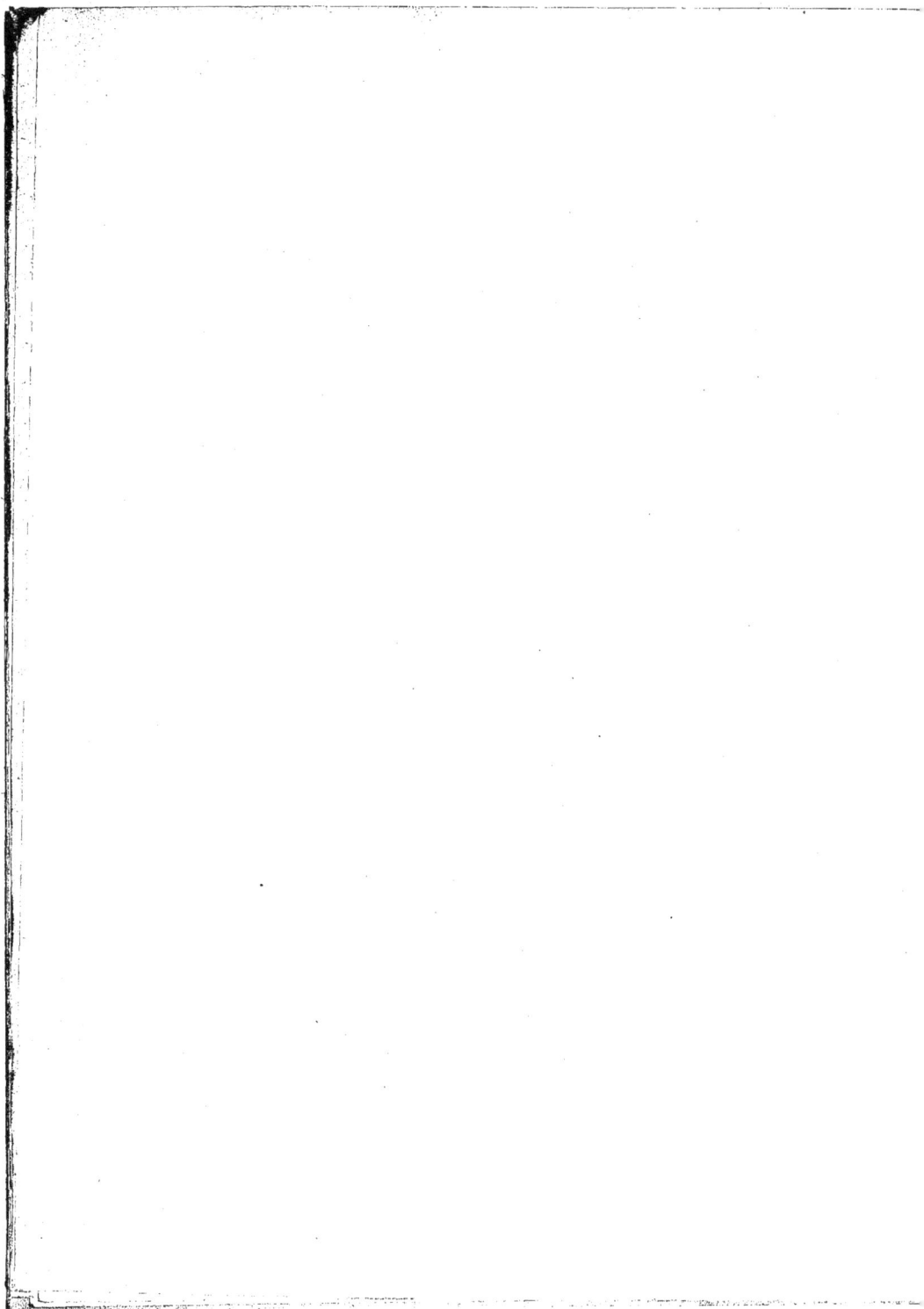

www.ingramcontent.com/pod-product-compliance
Lightning Source LLC
Chambersburg PA
CBHW060443210326
41520CB00015B/3826